孙艳波 田春红 沈仙华 编

高等数学(II)

跟踪习题册

(上)

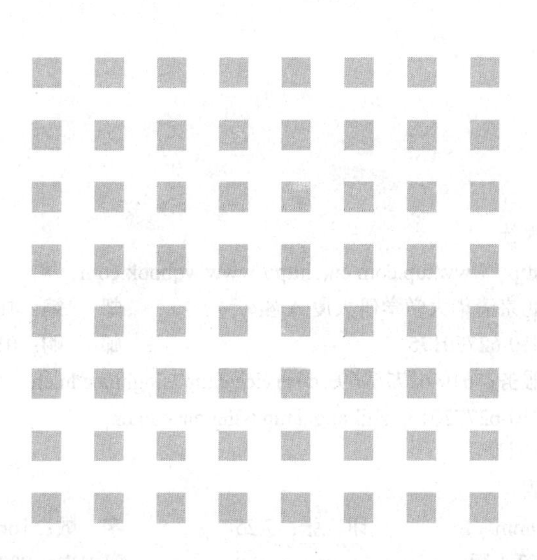

清华大学出版社
北京

内 容 简 介

本书是与沈仙华等编写的《高等数学》配套的教学用书. 体系和内容与教材一致，用于教学同步练习. 主要内容包括：函数与极限，导数与微分，中值定理与导数的应用，不定积分，定积分，定积分的应用，微分方程六章的练习题、总复习题及答案. 本书在选材上，力求具有代表性，既保证内容的覆盖面，又注意精选题目；同时重视基本概念，力求贴近实际应用.

本书可作为高等院校非数学专业大专、本科生学习高等数学课程的辅导用书，也可供从事高等数学教学的教师参考.

图书在版编目(CIP)数据

高等数学（II）跟踪习题册. 上 / 孙艳波, 田春红, 沈仙华编. --北京：清华大学出版社，2014
(2021.7重印)
ISBN 978-7-302-37004-8

I. ①高… II. ①孙… ②田… ③沈… III. ①高等数学－高等学校－习题集 IV. ①O13-44

中国版本图书馆 CIP 数据核字(2014)第 143141 号

责任编辑：佟丽霞
封面设计：常雪影
责任校对：王淑云
责任印制：丛怀宇

出版发行：清华大学出版社
网　址：http://www.tup.com.cn, http://www.wqbook.com
地　址：北京清华大学学研大厦 A 座　　邮　编：100084
社 总 机：010-62770175　　邮　购：010-62786544
投稿与读者服务：010-62776969, c-service@tup.tsinghua.edu.cn
质量反馈：010-62772015, zhiliang@tup.tsinghua.edu.cn
印 装 者：北京国马印刷厂
经　销：全国新华书店
开　本：185mm×260mm　　印　张：7.25　　字　数：166 千字
版　次：2014 年 8 月第 1 版　　印　次：2021 年 7 月第 8 次印刷
定　价：22.00 元

产品编号：060597-03

前　言

本书是根据工科类本科高等数学课程教学大纲的基本要求，兼顾研究生入学考试数学（一）的考试大纲而编写的，同时结合独立学院办学特色，突出基本思想和基本方法的训练，加强基本能力的培养. 供学生及时巩固高数课堂上所学基础知识，及作为期末复习的参考用书.

内容覆盖函数与极限，导数与微分，中值定理与导数的应用，不定积分，定积分，定积分的应用，微分方程等. 适合机电系，信息工程系，民用航空系，土木工程系各专业类学生使用，也可供成教、电大相关专业选用. 在使用本书时，教师可根据教学大纲和教材的要求，结合教学实际选用.

参编人员都是本校基础部数学教师，从事高等数学教学达 7 年以上，经过长期的教学积累，对高等数学的知识掌握及运用比较熟练，对本校学生的特点也比较了解. 在此基础上，对以往的作业集进行修改，整编. 本书题型多样、题量恰当、难易适中. 每节练习分为基础部分和提高部分. 每章附有总习题，在练习中加入部分考研真题及数学竞赛题目. 书末对这些练习给出答案或提示. 本书由孙艳波、田春红、沈仙华编写，由孙艳波统稿. 基础部主任张兴泰教授对本书的编写与出版给予了大力支持并提出了许多宝贵意见和建议，在此表示感谢！

限于编者水平，疏漏之处在所难免，敬请使用者批评指正.

编者

2014.6.6

目　录

第 1 章　函数与极限

1.1　映射与函数

1. 画出下列函数的图形：

(1) $y=\arctan x$；　　　　(2) $y=\begin{cases} x, & 0\leqslant x<1, \\ x-1, & 1\leqslant x\leqslant 2. \end{cases}$

2. 求函数 $y=\begin{cases} x^2-1, & 0\leqslant x\leqslant 1, \\ x^2, & -1\leqslant x<0 \end{cases}$ 的反函数.

3. 设 $f(x)=\begin{cases} 1+x, & -3<x\leqslant 0, \\ 2^x, & 0<x<3, \end{cases}$ 求：$f(-2), f(0), f(2)$ 及 $f(x-1)$.

4. 证明：设 $f(x)$ 为定义在区间 $(-l,l)$ 内的奇函数，若 $f(x)$ 在 $(0,l)$ 内单调增加，证明：$f(x)$ 在 $(-l,0)$ 内也单调增加.

5. 设 $f(x)=\mathrm{e}^{x^2}, f[\varphi(x)]=1-x$，且 $\varphi(x)>0$，求 $\varphi(x)$ 及其定义域.

6. 下列函数是由哪些基本初等函数复合而成的?

(1) $y=\ln\sin\dfrac{x}{2}$.

(2) $y=\mathrm{e}^{\sin\frac{1}{x}}$.

(3) $y=\left(\arctan\dfrac{x}{2}\right)^2$.

7. 设 $f(x)=\begin{cases}1, & |x|<1,\\ 0, & |x|=1,\\ -1, & |x|>1,\end{cases}$ $g(x)=\mathrm{e}^x$．求 $f[g(x)]$，$g[f(x)]$.

8. $f(x)=a^{x-\frac{1}{2}}(a>1)$ 且 $f(\lg a)=\sqrt{10}$，求 $f\left(\dfrac{3}{2}\right)$.

***9**. 证明：$y=\dfrac{(1+x)^2}{1+x^2}$ 在 $(-\infty,+\infty)$ 内是有界函数.

1.2 数列的极限

1. 计算下列数列的极限：

(1) $\lim\limits_{n\to\infty}\left(1+\dfrac{1}{2}+\dfrac{1}{4}+\cdots+\dfrac{1}{2^n}\right)$；

(2) $\lim\limits_{n\to\infty}\dfrac{n^2+2}{3n^2-n-1}$；

(3) $\lim\limits_{n\to\infty}\left(1+\dfrac{1}{1+2}+\dfrac{1}{1+2+3}+\cdots+\dfrac{1}{1+2+\cdots+n}\right)$；

(4) $\lim\limits_{n\to\infty}\dfrac{3^n+(-5)^n}{3^{n+1}+(-5)^{n+1}}$.

1.3　函数的极限

1. 研究下列函数的左右极限：

(1) $f(x)=\arctan\dfrac{1}{x}$ ($x\to 0$);　　　(2) $f(x)=\mathrm{e}^{\frac{1}{x}}$ ($x\to 0$);

(3) $f(x)=\dfrac{|x|}{x}$ ($x\to 0$);　　　(4) $f(x)=\dfrac{\sqrt{2x}(x-1)}{|x-1|}$ ($x\to 1$).

2. 设 $f(x)=\begin{cases}\dfrac{1}{1-x}, & x<0,\\ 0, & x=0,\\ x, & 0<x<1,\\ 1, & 1\leqslant x<2,\end{cases}$ 问 $\lim\limits_{x\to 0}f(x)$ 与 $\lim\limits_{x\to 1}f(x)$ 是否存在，并说明理由.

3. 设 $f(x)=\begin{cases}\cos x, & x>0,\\ 1, & x=0,\\ 1+x^2, & x<0,\end{cases}$ 讨论 $\lim\limits_{x\to 0} f(x)$ 的存在性.

4. 当 $x\to 0$ 时下列函数哪些是无穷大量，哪些是无穷小量？

(1) $y=x\sin\dfrac{1}{x}$.　　　　(2) $\dfrac{2x+1}{x}$.

5. 求下列极限：

(1) $\lim\limits_{x\to\infty}\dfrac{2x+1}{x}$;　　　　(2) $\lim\limits_{x\to 0}\dfrac{1+x^2}{1-x}$.

1.4　极限运算法则

1. 计算下列函数的极限：

(1) $\lim\limits_{x\to 4}\dfrac{x^2-6x+8}{x^2-5x+4}$；

(2) $\lim\limits_{h\to 0}\dfrac{(x+h)^2-x^2}{h}$；

(3) $\lim\limits_{x\to\infty}\dfrac{x^2-1}{2x^2-x-1}$；

(4) $\lim\limits_{x\to\infty}\dfrac{2x+1}{x^2}$；

(5) $\lim\limits_{x\to 1}\left(\dfrac{1}{1-x}-\dfrac{3}{1-x^3}\right)$；

(6) $\lim\limits_{x\to 1}\dfrac{\sqrt{1+x}-\sqrt{3-x}}{x^2-1}$.

2. 利用无穷小性质计算下列函数的极限：

(1) $\lim\limits_{x\to 0^+}\sqrt{x}\sin\dfrac{1}{x}$；

(2) $\lim\limits_{x\to\infty}\dfrac{\arctan x}{x}$.

1.5　两个重要极限与无穷小比较

1. 利用重要极限 $\lim\limits_{x\to 0}\dfrac{\sin x}{x}=1$ 计算下列极限：

(1) $\lim\limits_{x\to 0}\dfrac{\sin 5x}{\sin 3x}$；　　(2) $\lim\limits_{x\to 0} x\cot x$；

(3) $\lim\limits_{x\to \pi}\dfrac{\sin x}{\pi - x}$；　　(4) $\lim\limits_{x\to \infty} x\sin\dfrac{1}{x}$.

2. 利用重要极限 $\lim\limits_{x\to \infty}\left(1+\dfrac{1}{x}\right)^{x}=\mathrm{e}$ 计算下列极限：

(1) $\lim\limits_{x\to 0}(1-x)^{\frac{1}{x}}$；　　(2) $\lim\limits_{x\to \infty}\left(\dfrac{x}{1+x}\right)^{x}$；

(3) $\lim\limits_{x\to \infty}\left(1-\dfrac{1}{x}\right)^{4x}$；　　(4) $\lim\limits_{x\to 1^{+}}(1+\ln x)^{\frac{5}{\ln x}}$.

3. 利用极限存在准则证明下列式子：

(1) $\lim\limits_{n\to\infty}\left(\dfrac{1}{n^2+n+1}+\dfrac{2}{n^2+n+2}+\cdots+\dfrac{n}{n^2+n+n}\right)=\dfrac{1}{2}$；

(2) $\lim\limits_{n\to\infty}\left(\dfrac{n}{n^2+\pi}+\dfrac{n}{n^2+2\pi}+\cdots+\dfrac{n}{n^2+n\pi}\right)=1$；

(3) 数列 $\sqrt{2},\sqrt{2+\sqrt{2}},\sqrt{2+\sqrt{2+\sqrt{2}}},\cdots$ 极限存在，并求极限.

4. 当$x \to 0$时，下列函数都是无穷小，试确定哪些是 x 的高阶无穷小？同阶无穷小？等价无穷小？说明理由.

(1) $x^2 + x$;　　(2) $x + \sin x$;

(3) $1-\cos 2x$;　　(4) $x\cos x$.

5. 利用等价无穷小性质求下列极限：

(1) $\lim\limits_{t\to+\infty} 2^t \sin\dfrac{x}{2^t}$;　　(2) $\lim\limits_{\theta\to 0}\dfrac{\sin\theta^2}{1-\cos\theta}$;

(3) $\lim\limits_{x\to 0}\dfrac{1-\cos x}{x\sin x}$;　　(4) $\lim\limits_{x\to 0}\dfrac{\sqrt[n]{1+x}-1}{x}$.

6. 当 $x \to 0$ 时，$\ln(1+\alpha x^2)$ 与 $\cos x - 1$ 是等价无穷小量，求 α 的值.

7. 设 $f(x)=\dfrac{1-x}{1+x}$，$g(x)=1-\sqrt[3]{x}$，证明：当 $x \to 1$ 时，$f(x)$ 与 $g(x)$ 是同阶无穷小但不等价.

1.6 函数的连续性与间断点

1. 求出下列函数的间断点，并判断其类型，若为可去间断点，试补充定义，使函数在该点连续.

(1) $f(x)=\dfrac{x^2-1}{x^2-3x+2}$.

(2) $f(x)=\dfrac{1}{1+\dfrac{1}{x}}$.

2. 设函数 $f(x)=\dfrac{2^{\frac{1}{x}}-1}{2^{\frac{1}{x}}+1}$，求 $f(0-0)$，$f(0+0)$，并判断 $x=0$ 是否为函数的间断点，如果是，为第几类间断点？

3. 设 $f(x)=\begin{cases} a\mathrm{e}^{x}, & x>0, \\ ax+2, & x\leqslant 0 \end{cases}$ 在 $x=0$ 处连续，求 $f(-1)$.

4. 一位焊工的合同承诺 4 年里每年涨工资 3.5%，他的起始年工资是 36500 元，以 $t(0\leqslant t<5)$ 表示自从签署合同后以年计的时间，求焊工的工资，画出图形，并指出连续区间.

*5. 讨论 $f(x)=\lim\limits_{n\to\infty}\dfrac{1-x^{2n}}{1+x^{2n}}x$ 的连续性，若有间断点，判别其类型.

6. 求下列函数的极限.

(1) $\lim\limits_{x\to 2}\dfrac{x^2+\sin x}{e^x\sqrt{1+x^2}}$;

(2) $\lim\limits_{x\to +\infty} x[\ln(x+1)-\ln x]$;

(3) $\lim\limits_{x\to 0}(1+3\tan^2 x)^{\cot^2 x}$;

(4) $\lim\limits_{x\to +\infty}\arcsin(\sqrt{x^2+x}-x)$.

7. 证明方程 $x^5-3x=1$ 至少有一个根介于 1 和 2 之间.

8. 设 $f(x)$ 在 $[a,b]$ 上连续，且 $f(a)<a, f(b)>b$，试证在 (a,b) 内至少存在一点 ξ，使 $f(\xi)=\xi$.

9. 若 $f(x)$ 在 $[a,b]$ 上连续，$a<x_1<x_2<\cdots<x_n<b$，则在 $[x_1,x_n]$ 上必有 ξ 使得

$$f(\xi)=\frac{f(x_1)+f(x_2)+\cdots+f(x_n)}{n}.$$

总 习 题 1

1. 求极限 $\lim\limits_{x\to\infty}\frac{1}{x}\sin 2x$.

2. 求极限 $\lim\limits_{x\to 0}\frac{\sqrt{1+\tan x}-\sqrt{1+\sin x}}{x^3}$.

3. 求极限 $\lim\limits_{x\to 1}(1-x)\tan\frac{\pi}{2}x$.

4. 求极限 $\lim\limits_{x\to 0}(1-2x)^{\frac{3}{\sin x}}$.

5. 求极限 $\lim\limits_{x\to 0}\frac{x\ln(1+x)}{1-\cos x}$.

6. 确定常数 a,b，使得 $\lim\limits_{x\to 2}\dfrac{x^2+ax+b}{x^2-x-2}=2$.

7. 求极限 $\lim\limits_{x\to 0}(\cos x)^{\frac{1}{x^2}}$.

8. 设 $\lim\limits_{x\to 0}\dfrac{\ln[1+f(x)\sin 5x]}{2^x-1}=1$，求 $\lim\limits_{x\to 0}f(x)$.

9. 已知 $\lim\limits_{n\to\infty}\left(\dfrac{n+a}{n-a}\right)^n=\sqrt{\mathrm{e}}$，求 a.

10. 证明方程 $x=a\sin x+b$（其中 $a>0,b>0$）至少有一个正根，并且它的值不超过 $a+b$.

第 2 章　导数与微分

2.1　导 数 概 念

1. 假设 $f'(x_0)$ 存在，求下列极限：

(1) $\lim\limits_{x\to x_0}\dfrac{f(x)-f(x_0)}{x-x_0}$；

(2) $\lim\limits_{h\to 0}\dfrac{f(x_0+h)-f(x_0)}{h}$；

(3) $\lim\limits_{\Delta x\to 0}\dfrac{f(x_0-\Delta x)-f(x_0)}{\Delta x}$；

(4) $\lim\limits_{h\to 0}\dfrac{f(x_0+h)-f(x_0-h)}{2h}$.

2. 若 $f(0)=0$，$f'(0)$ 存在，求 $\lim\limits_{x\to 0}\dfrac{f(x)}{x}$.

3. 已知 $f(x)=\begin{cases}\mathrm{e}^x, & x\geqslant 0,\\ \cos x, & x<0,\end{cases}$ 求 $f_-'(0)$，$f_+'(0)$，问 $f'(0)$ 是否存在.

4. 设 $f(x)=\begin{cases}\dfrac{1-\cos x}{x}, & x\neq 0,\\ 0, & x=0,\end{cases}$ 利用导数定义求 $f'(0)$.

5. 求曲线 $y=\sqrt{x}$ 在点 $x=4$ 处的切线方程.

6. 设函数 $f(x)$ 可导，且 $f'(3)=2$，求 $\lim\limits_{x\to 0}\dfrac{f(3-x)-f(3)}{2x}$.

7. 设 $f(x)$ 为偶函数，且 $f'(0)$ 存在，证明：$f'(0)=0$.

2.2 函数的求导法则

1. 以速度 v_0 上抛的物体，其上升的高度 s 与时间 t 的关系是 $s=v_0t-\frac{1}{2}gt^2$，求：

(1) 该物体的速度 $v_0(t)$；(2) 该物体到达最高点的时刻.

2. 求下列函数的导数：

(1) $y=\frac{\mathrm{e}^x}{x^2}+\ln 3$；

(2) $y=\frac{a-x}{a+x}$；

(3) $s=\tan t-t$；

(4) $y=x^2\ln x$.

3. 求下列函数在给定点的导数：

(1) $\rho=\varphi\sin\varphi+\frac{1}{2}\cos\varphi$,求 $\left.\frac{\mathrm{d}\rho}{\mathrm{d}\varphi}\right|_{\varphi=\frac{\pi}{4}}$；

(2) 设 $f(t)=\dfrac{1-\sqrt{t}}{1+\sqrt{t}}$，求 $f'(4)$；

(3) 设 $f(x)=x(x-1)(x-2)\cdots(x-60)$，求 $f'(0)$.

4. 求下列函数的导数：

(1) $y=(7x+2)^5$ ；

(2) $q=\sqrt{2r-r^2}$ ；

(3) $y=3^{\frac{x}{\ln x}}$;

(4) $y=\ln(\cos x)$;

(5) $y=\arctan(\mathrm{e}^{x})$;

(6) $y=x\arcsin\dfrac{x}{2}+\sqrt{4-x^{2}}$.

5. 设 $f(u)$ 可导，求下列函数的导数 $\dfrac{\mathrm{d}y}{\mathrm{d}x}$：

(1) $y=\sin[f(x^{2})]$;

(2) $y=f(\mathrm{e}^{x})\mathrm{e}^{f(x)}$.

2.3　高 阶 导 数

1. 求下列函数的二阶导数：

(1) $y = \mathrm{e}^{-t}\sin t$;

(2) $y = \ln(x + \sqrt{a^2 + x^2})$;

(3) $y = f\left(\dfrac{1}{x}\right)$($f''(u)$存在);

(4) $f(x) = \ln\sqrt{\dfrac{1-x}{1+x^2}}$.

2. 设 $f(x)=(x+10)^6$，求 $f'(2)$，$f''(2)$ 和 $f'''(2)$.

3. 求下列函数的 n 阶导数的一般表达式：

(1) $y=\sin^2 x$;

(2) $y=x\ln x$;

*(3) $y=\dfrac{1-x}{1+x}$;

*(4) $y=x^2\mathrm{e}^x$.

2.4　隐函数及由参数方程所确定的函数的导数　相关变化率*

1. 求下列方程所确定的隐函数 y 的导数 $\dfrac{\mathrm{d}y}{\mathrm{d}x}$.

(1) $y=f(xy)$, 其中 f 可导.

(2) $\mathrm{e}^{xy}+\cos(x+y)-y^2=1$.

2. 已知 $y=1+x\mathrm{e}^{xy}$，求 $y'|_{x=0}$，$y''|_{x=0}$.

3. 用对数法求下列函数的导数：

(1) $y=\left(\dfrac{x}{1+x}\right)^x$；

(2) $y=\sqrt[3]{\dfrac{(x-1)(x-2)}{x(x+1)}}$；

(3) $y=(1+x^2)^{\sin x}$.

4. 求下列参数方程所确定函数的导数.

(1) $\begin{cases} x=\theta(1-\sin\theta), \\ y=\theta\cos\theta, \end{cases}$ 求 $\dfrac{\mathrm{d}y}{\mathrm{d}x}$；

(2) $\begin{cases} x=\ln(1+t^2), \\ y=t-\arctan t, \end{cases}$ 求 $\dfrac{\mathrm{d}y}{\mathrm{d}x},\dfrac{\mathrm{d}^2 y}{\mathrm{d}x^2}$；

(3) 设 $\begin{cases} x = f(t) - \pi, \\ y = f(e^{3t} - 1), \end{cases}$ 其中 f 可导，求 $\left.\dfrac{dy}{dx}\right|_{t=0}$.

5. 求笛卡儿叶形线

$$x^3 + y^3 - 9xy = 0$$

在点 $(2,4)$ 处的切线和法线方程.

6. 求曲线 $\begin{cases} x = 1 + t^2, \\ y = t^3 \end{cases}$ 在 $t = 2$ 处的切线方程.

***7**. 落在平静水面上的石头，产生同心波纹.若最外一圈波半径的增大率总是 6m/s,问在 2s 末扰动水面面积的增大率为多少？

2.5　函数的微分

1. 设函数 $y=\sqrt{\tan\frac{x}{2}}$，求函数在 $x=\frac{\pi}{2}$ 的微分.

2. 求下列函数的微分：

(1) $y=\frac{x}{x+1}$；

(2) $y=e^{-x}\cos(3-x)$；

(3) $y=\arcsin\sqrt{1-x^2}\,(x>0)$；

(4) $y=\sqrt[x]{x}$.

3. 求由方程 $\tan y=x+y$ 所确定的函数 $y=y(x)$ 的微分 dy.

4. 证明：当$|x|$较小时，

$$(1+x)^{\alpha} \approx 1+\alpha x.$$

然后利用上式结果计算下面的量（比计算器算得快）：

(1) $(1.0002)^{50}$；　　　　(2) $\sqrt[3]{1.009}$.

总 习 题 2

1. 将适当的函数填入括号内，使等式成立.

(1) $d(\qquad\qquad)=3x^2dx$.　　　（2）$d(\qquad\qquad)=\sin\omega t dt$.

(3) $d(\qquad\qquad)=e^{-2x}dx$.　　　（4）$d(\qquad\qquad)=\sec^2 3x dx$.

(5) $d(\qquad\qquad)=\dfrac{1}{1+4x^2}dx$.　　　（6）$d(\qquad\qquad)=\dfrac{x}{\sqrt{a^2-x^2}}dx$.

2. 设 $f(x)=x+(x-1)\arcsin\sqrt{\dfrac{x}{x+1}}$，求 $f'(1)$.

3. 讨论 α 为何值时，函数

$$f(x)=\begin{cases} x^\alpha \sin\dfrac{1}{x}, & x\neq 0, \\ 0, & x=0 \end{cases}$$

在 $x=0$ 处可导.

4. 求曲线

$$\sin(xy)+\ln(y-x)=x$$

在点 $(0,1)$ 处的切线方程.

5. 设函数

$$f(x)=\begin{cases}\dfrac{1-\sqrt{1-x}}{x}, & x<0,\\ a+bx, & x\geqslant 0\end{cases}$$

在 $x=0$ 处可导，求 a,b 的值.

6. 已知 $y=y(x)$ 由方程

$$\mathrm{e}^{y}+6xy+x^{2}-1=0$$

确定，求 $y''(0)$.

7. 已知 $y=\dfrac{1}{x^{2}-3x+2}$，求 $y^{(n)}$.

8. 设 $f(x)$ 在 $x=2$ 处可导，且

$$\lim_{x\to 2}\frac{f(x)}{x^2-4}=2,$$

求 $f(2), f'(2)$.

9. 设 $\begin{cases} x=te^t, \\ ye^t+e^{ty}=2, \end{cases}$ 求 $\left.\frac{dy}{dx}\right|_{x=0}$.

第 3 章　中值定理与导数的应用

3.1　微分中值定理

1. 求曲线 $y=\ln x$ 上与连接两点 $(1,0)$，$(\mathrm{e},1)$ 的弦平行的切线方程.

2. 验证函数 $y=x^2-2x+4$ 在区间 $[1,2]$ 上满足拉格朗日中值定理的条件，并求出定理结论中的 ξ 值.

3. 证明等式 $\arcsin\sqrt{1-x^2}+\arctan\dfrac{x}{\sqrt{1-x^2}}=\dfrac{\pi}{2}$（$0<x<1$）.

4. 若方程 $a_0x^n+a_1x^{n-1}+\cdots+a_{n-1}x=0$ 有一个正根 $x=x_0$，证明方程

$$a_0nx^{n-1}+a_1(n-1)x^{n-2}+\cdots+a_{n-1}=0$$

必有一个小于 x_0 的正根.

5. 设 $a>b>0, n>1$, 证明 $nb^{n-1}(a-b)<a^n-b^n<na^{n-1}(a-b)$.

6. 用拉格朗日中值定理证明：当 $x>1$ 时，$e^x>ex$.

*__7__. 设 $0<a<b$, $f(x)$ 在 $[a,b]$ 上连续，在 (a,b) 内可导，试利用柯西中值定理，证明存在一点 $\xi\in(a,b)$，使 $f(b)-f(a)=\xi f'(\xi)\ln\dfrac{b}{a}$.

3.2　洛必达法则

1. 判断下列运算是否正确？若不正确说明理由并改正.

(1) 由洛必达法则得，$\lim\limits_{x\to 1}\dfrac{x^3-3x+2}{x^3-x^2-x+1}=\lim\limits_{x\to 1}\dfrac{3x^2-3}{3x^2-2x-1}=\lim\limits_{x\to 1}\dfrac{6x}{6x-2}=\lim\limits_{x\to 1}\dfrac{6}{6}=1$.

(2) 由洛必达法则，$\lim\limits_{x\to 0}\dfrac{x^2\sin\frac{1}{x}}{\sin x}=\lim\limits_{x\to 0}\dfrac{\left(x^2\sin\frac{1}{x}\right)'}{(\sin x)'}=\lim\limits_{x\to 0}\dfrac{2x\sin\frac{1}{x}-\cos\frac{1}{x}}{\cos x}$,

因为 $\lim\limits_{x\to 0}\dfrac{2x\sin\frac{1}{x}-\cos\frac{1}{x}}{\cos x}$ 不存在，所以 $\lim\limits_{x\to 0}\dfrac{x^2\sin\frac{1}{x}}{\sin x}$ 不存在.

2. 用洛必达法则求下列极限：

(1) $\lim\limits_{x\to 0}\dfrac{3x-\sin x}{x}$;

(2) $\lim\limits_{x\to 0}\dfrac{1-\cos x}{x+x^2}$;

(3) $\lim\limits_{x\to 1}\left(\dfrac{1}{\ln x}-\dfrac{1}{x-1}\right)$;

(4) $\lim\limits_{x\to 0^+}\sqrt{x}\ln x$;

(5) $\lim\limits_{x\to 1^+}(x-1)^{\frac{1}{\ln(e^{x-1}-1)}}$；　　(6) $\lim\limits_{x\to 0^+}\left(\frac{1}{x}\right)^{\tan x}$；

(7) $\lim\limits_{x\to 0}(e^x+x)^{\frac{1}{\sin 2x}}$；　　(8) $\lim\limits_{x\to 0}(\cos x)^{\frac{1}{\ln(1+x^2)}}$.

3. 当 $x\to 0$ 时，$\tan x - x$ 是 $x-\sin x$ 的（　　）.

(A) 高阶无穷小　　(B) 同阶无穷小，但不等价　　(C) 等价无穷小 .

4. 当 $x\to 0$ 时，$f(x)=\ln(\alpha x^2+e^{2x})-2x$ 与 $g(x)=\ln(\sin^2 x+e^x)-x$ 为等价无穷小，求 α 的值.

5. 已知$f(x)$正值且二阶可导，$f(0)=f'(0)=1$，求$\lim\limits_{x\to 0}\dfrac{f(\sin x)-1}{\ln f(x)}$.

*__6__. 讨论函数 $f(x)=\begin{cases}\left[\dfrac{(1+x)^{\frac{1}{x}}}{\mathrm{e}}\right]^{\frac{1}{x}}, & x>0,\\ \mathrm{e}^{-\frac{1}{2}}, & x\leqslant 0,\end{cases}$ 在点 $x=0$ 处的连续性.

*泰 勒 公 式

1. 求函数 $p(x)=5x^2+3x+1$ 在 $x=3$ 处的二阶泰勒公式.

2. 求函数 $f(x)=\dfrac{1}{2+x}$ 在 $x=-1$ 处的 n 阶泰勒公式.

3. 求函数 $f(x)=x\mathrm{e}^x$ 的 n 阶麦克劳林公式.

4. 利用泰勒公式求下列极限:

(1) $\lim\limits_{x\to\infty}(\sqrt[3]{x^3+3x^2}-\sqrt[4]{x^4-2x^3})$;　　(2) $\lim\limits_{x\to 0}\dfrac{\cos x-\mathrm{e}^{-\frac{x^2}{2}}}{x^2[x+\ln(1-x)]}$.

3.3　函数的单调性与曲线的凹凸性

1. 确定下列函数的单调区间：

(1) $y = x\mathrm{e}^{-x}$；

(2) $y = 2x + \dfrac{8}{x}$；

(3) $y = \dfrac{1}{3}x^3 + 2x^2 - 5x$；

(4) $y = \dfrac{x}{3} - x^{\frac{1}{3}}$.

2. 证明下列不等式：

(1) $\sin x + \tan x > 2x\left(0 < x < \dfrac{\pi}{2}\right)$.

(2) $1 + \dfrac{1}{2}x > \sqrt{1+x}\,(x > 0)$.

3. 证明方程 $x^5+x-1=0$ 只有一个正根.

***4**. 证明函数 $f(x)=\left(1+\dfrac{1}{x}\right)^x$ 在 $(0,+\infty)$ 内单调增加.

5. 求下列函数的凹凸区间和拐点：

(1) $y=x^3-6x^2+3x$;

(2) $y=2-(x-1)^{\frac{1}{3}}$.

6. 利用函数图形的凹凸性的定义，证明不等式

$$\frac{x^n+y^n}{2}>\left(\frac{x+y}{2}\right)^n\ (x>0,y>0,x\neq y,n>1).$$

7. 问 a,b 为何值时，点 $(1,3)$ 为曲线 $y=ax^3+bx^2$ 的拐点.

3.4 函数的极值与最大值最小值

1. 求下列函数的极值：

(1) $f(x)=xe^{x}$；

(2) $y=x^{3}-12x-5$；

(3) $y=2-(x-1)^{\frac{2}{3}}$.

2. 求由方程 $2y^{3}-2y^{2}+2xy-x^{2}=1$ 所确定的函数 $y=f(x)$ 的驻点，并判别它是否为极值点，若是，求此极值.

3．当 a 为何值时，函数 $f(x)=a\sin x+\frac{1}{3}\sin 3x$ 在 $x=\frac{\pi}{3}$ 处有极值？是极大值还是极小值？并求此极值.

4. 用输油管把离岸 12km 的一座油井和沿岸往下 20km 的炼油厂连接起来.如果水下输油管的铺设成本为 50000 元 / km，而陆地输油管的铺设成本为 30000 元 / km. 问：水下和陆地输油管怎样组合能给出这种连接的最小费用？

5. 求函数 $y=x+2\cos x$ 在区间 $\left[0,\frac{\pi}{2}\right]$ 上的最大值、最小值.

6. 问 $y=x^2-\frac{54}{x}(x<0)$ 在何处取得最小值？并求出最小值.

*7. 求 $y=\left|3x-x^3\right|$ 在区间 $[-2,2]$ 上的最大值、最小值.

8. 证明下列不等式：

(1) 当 $x<1$ 时，$e^x \leqslant \frac{1}{1-x}$.

(2) 设 $0 \leqslant x \leqslant 1, p>1$，则 $\frac{1}{2^{p-1}} \leqslant x^p+(1-x)^p \leqslant 1$.

9. 过椭圆 $\frac{x^2}{a^2}+\frac{y^2}{b^2}=1$ 的第一象限部分上的点作切线，问哪一条切线与两坐标所围的直角三角形面积为最小，求此切线方程.

3.5　函数图形的描绘

1. 求函数 $y=\dfrac{16}{x(x-4)}$ 图形的水平渐近线和铅直渐近线.

2. 作出下列函数 $y=\dfrac{1}{\sqrt{2\pi}}\mathrm{e}^{-\frac{x^2}{2}}$ 的图形.

3.6 曲 率

1. 求抛物线 $y = x^2 - 4x + 3$ 在其顶点处的曲率及曲率半径.

2. 曲线 $y = \ln x$ 上哪一点的曲率最小？求出该点处的曲率半径.

3. 求曲线 $\begin{cases} x = 3t^2, \\ y = 3t - t^3 \end{cases}$ 在 $t = 1$ 处的曲率 κ.

总 习 题 3

1. 求下列函数的极限：

(1) $\lim\limits_{x\to 0}\left(\dfrac{1}{\sin x}-\dfrac{1}{x}\right)$；

(2) $\lim\limits_{x\to +\infty} x\left(\dfrac{\pi}{2}-\arctan x\right)$；

(3) $\lim\limits_{x\to 0}\left[\dfrac{\ln(1+x)}{x}\right]^{\frac{1}{e^x-1}}$；

(4) $\lim\limits_{x\to 0^+}(\sin 2x)^{\frac{1}{1+3\ln x}}$.

2. 证明：当 $x>0$ 时，有 $\arcsin x+\arcsin\sqrt{1-x^2}=\dfrac{\pi}{2}$.

3. 求 $f(x)=\begin{cases}x^3, & x\geqslant 0,\\ -x, & x<0\end{cases}$ 的极值.

4. 证明下列不等式：

(1) 当 $x>0$ 时，$x-\dfrac{x^2}{2}<\ln(1+x)$.

(2) $2x\arctan x\geqslant\ln(1+x^2)$.

5. 已知 $f(x)=x^3+ax^2+bx$ 在 $x=-1$ 处取得极小值 -2，求 a,b 的值.

6. 设 $f(x)$ 在 $[0,\pi]$ 上可导，求证至少存在一点 $\xi\in(0,\pi)$，使得

$$f'(\xi)+f(\xi)\cot\xi=0.$$

7. 当 a 为何值时，曲线 $y=x^4+ax^3+\frac{3}{2}x^2+1$ 在 $(-\infty,+\infty)$ 上是凹的.

8. 在半径为 R 的球内嵌入一个体积最大的圆柱体，求此圆柱体的体积.

第4章 不定积分

4.1 不定积分的概念与性质

1. 填空题

(1) 在区间 I 上，$F'(x)=f(x)$，则 $f(x)$ 的原函数为________.

(2) 若 $f(x)$ 连续，且 $F(x)=\int f(x)\mathrm{d}x$，则 $F'(x)=$________.

若 $f'(x)$ 连续，$G(x)=\int \mathrm{d}f(x)=$________.

2. 选择题

(1) 若 $\int \mathrm{d}f(x)=\int \mathrm{d}g(x)$，则下列等式中不成立的是(　　).

(A) $f(x)=g(x)$　　(B) $f'(x)=g'(x)$

(C) $\mathrm{d}f(x)=\mathrm{d}g(x)$　　(D) $\mathrm{d}\int f'(x)\mathrm{d}x=d\int g'(x)\mathrm{d}x$

(2) 下列四个函数中，$f(x)=\dfrac{1}{1-x^2}$ 的一个原函数的是(　　).

(A) $\arcsin x$　　(B) $\arctan x$　　(C) $\dfrac{1}{2}\ln\left|\dfrac{1+x}{1-x}\right|$　　(D) $\dfrac{1}{2}\ln\left|\dfrac{1-x}{1+x}\right|$

(3) 若 $f(x)$ 的导数为 $\sin x$，则 $f(x)$ 的一个原函数为(　　).

(A) $1+\sin x$　　(B) $1-\sin x$　　(C) $1+\cos x$　　(D) $1-\cos x$

3. 已知 $f'(x)=2, f(0)=1$，求不定积分 $\int f(x)f'(x)\mathrm{d}x$.

4. 设 $f'(\ln x)=1+x$，求 $f(x)$.

5. 若 $f'\left(\sin\frac{x}{2}\right)=\cos x+1$，求 $f'(x)$.

6. 一物体由静止开始运动，经 t 秒后的速度是 $3t^2$（米/秒），求：(1) 在 3 秒后物体离出发点的距离；(2) 物体走完 360 米所需时间.

7. 求下列不定积分：

(1) $\int\frac{(1-x)^2}{\sqrt{x}}\mathrm{d}x$；

(2) $\int\frac{x^2}{1+x^2}\mathrm{d}x$；

(3) $\int\frac{2\cdot 3^x-5\cdot 2^x}{3^x}\mathrm{d}x$；

(4) $\int\csc x(\csc x-\cot x)\mathrm{d}x$；

(5) $\int \cos^2 \frac{x}{2} dx$;　　(6) $\int \frac{\cos 2x}{\cos x - \sin x} dx$.

8. 一曲线通过点（e^2,3），且在任一点处的切线的斜率等于该点横坐标的倒数，求该曲线的方程.

4.2　换元积分法

1. 填入适当的系数，使下列等式成立.

(1) $\sin\frac{2}{3}x\mathrm{d}x=$ ________ $\mathrm{d}\left(\cos\frac{2}{3}x\right)$；　(2) $\frac{1}{x}\mathrm{d}x=$ ________ $\mathrm{d}(3-5\ln x)$；

(3) $x\mathrm{e}^{x^2}\mathrm{d}x=$ ________ $\mathrm{d}(\mathrm{e}^{x^2})$；　(4) $\frac{\mathrm{d}x}{1+9x^2}=$ ________ $\mathrm{d}(\arctan 3x)$；

(5) $\frac{x\mathrm{d}x}{\sqrt{1-x^2}}=$ ________ $\mathrm{d}(\sqrt{1-x^2})$；　(6) $\sin x\cos x\mathrm{d}x=$ ________ $\mathrm{d}(2+\sin^2 x)$.

2. $\int[f(x)]^{\mu}f'(x)\mathrm{d}x=\int[f(x)]^{\mu}\mathrm{d}$ ____ $=\begin{cases}\text{\_\_\_\_\_\_\_\_},\\ \text{\_\_\_\_\_\_\_\_}.\end{cases}$

3. 若 $\int f(x)\mathrm{d}x=F(x)+C$，则 ________ $=F[g(x)]+C$.

(A) $\int f[g(x)]\mathrm{d}x$　(B) $\int f[g(x)]g(x)\mathrm{d}x$　(C) $\int f[g(x)]g'(x)\mathrm{d}x$.

4. 已知 $f'(\sin^2 x)=\cos 2x+\tan^2 x$，$0<x<\frac{\pi}{2}$，求 $f(x)$.

5. 计算下列不定积分：

(1) $\int(\sin ax-\mathrm{e}^{\frac{x}{b}})\mathrm{d}x$；　(2) $\int\frac{\sin\sqrt{x}}{\sqrt{x}}\mathrm{d}x$；

(3) $\int \tan^{10} x \cdot \sec^2 x \mathrm{d}x$;　　(4) $\int \tan\sqrt{1+x^2} \cdot \frac{x\mathrm{d}x}{\sqrt{1+x^2}}$;

(5) $\int \frac{\mathrm{d}x}{\mathrm{e}^x + \mathrm{e}^{-x}}$;　　(6) $\int \frac{x}{\sqrt{2-3x^2}} \mathrm{d}x$;

(7) $\int \frac{10^{2\arccos x}}{\sqrt{1-x^2}} \mathrm{d}x$;　　(8) $\int \frac{\sin x \cos^2 x}{1+\cos^2 x} \mathrm{d}x$;

(9) $\int\frac{(2\ln x+3)^3}{x}\mathrm{d}x$;

(10) $\int\frac{x^2}{\sqrt{a^2-x^2}}\mathrm{d}x(a>0)$;

(11) $\int\frac{\sqrt{x^2-a^2}}{x}\mathrm{d}x(a>0)$;

(12) $\int\frac{\mathrm{d}x}{\sqrt{(x^2+1)^3}}$;

(13) $\int\frac{\mathrm{d}x}{1+\sqrt{2x}}$.

4.3 分部积分法

1. 计算下列不定积分：

(1) $\int x\sin x\cos x\mathrm{d}x$；

(2) $\int x\mathrm{e}^{-x}\mathrm{d}x$；

(3) $\int x\ln(x-1)\mathrm{d}x$；

(4) $\int\sin\sqrt{x}\mathrm{d}x$；

(5) $\int\cos\ln x\mathrm{d}x$；

(6) $\int x^2\arctan x\mathrm{d}x$.

2. 若 $f(x)$ 的一个原函数为 e^{2x}，求 $\int x f'(x) dx$.

3. 如果 $\int \frac{f'(\ln x)}{x} dx = x + C$, 求 $f(x)$.

*有理函数积分

1. 有理真分式$\dfrac{x^2+1}{(x-1)^2(x^2+2x+3)}$可分解成为________ 的形式，其中 A,B,C,D,E 为待定常数.

(A) $\dfrac{Ax+B}{(x-1)^2}+\dfrac{Cx+D}{x^2+2x+3}$

(B) $\dfrac{A}{x-1}+\dfrac{Bx+C}{(x-1)^2}+\dfrac{Dx+E}{x^2+2x+3}$

(C) $\dfrac{A}{x-1}+\dfrac{B}{(x-1)^2}+\dfrac{Cx+D}{x^2+2x+3}$

2. 计算下列不定积分：

(1) $\displaystyle\int\frac{2x-3}{x^2+x+5}\mathrm{d}x$;

(2) $\displaystyle\int\frac{\mathrm{d}x}{x^3+1}$;

(3) $\displaystyle\int\frac{\mathrm{d}x}{2+\sin x}$;

(4) $\displaystyle\int\frac{\mathrm{d}x}{1+\sin x+\cos x}$;

(5) $\displaystyle\int\frac{\mathrm{d}x}{1+\sqrt[3]{x+1}}$;

(6) $\displaystyle\int\frac{\mathrm{d}x}{\sqrt{x}+\sqrt[4]{x}}$.

总 习 题 4

1. 求下列不定积分：

(1) $\int \frac{1+\ln x}{(x\ln x)^2}\mathrm{d}x$；

(2) $\int \frac{2x+3}{x^2+3x-10}\mathrm{d}x$；

(3) $\int \frac{x^7}{x^4+2}\mathrm{d}x$；

(4) $\int \frac{\mathrm{d}x}{1+\sqrt{1-x^2}}$；

(5) $\int \frac{2x-1}{\sqrt{9x^2-4}}\mathrm{d}x$.

2. 设 $f(x)$ 的一个原函数为 $\frac{\ln x}{x}$，求 $\int x f'(2x)\mathrm{d}x$.

3. 设函数 $f(x)$ 满足 $\int x f(x)\mathrm{d}x = \arctan x + C$，求 $\int f(x)\mathrm{d}x$.

4. 设 $F(x)$ 为 $f(x)$ 的一个原函数，当 $x \geqslant 0$ 时有 $f(x)F(x) = \sin^2 2x$，且 $F(0)=1$，$F(x) \geqslant 0$，求 $f(x)$.

第 5 章　定　积　分

5.1　定积分概念

1. 比较 $a=\int_0^1 \mathrm{e}^{-x^2}\mathrm{d}x, b=\int_1^2 \mathrm{e}^{-x^2}\mathrm{d}x$ 的大小.

2. 求 $\dfrac{\mathrm{d}}{\mathrm{d}x}\int_a^b \sin x^2 \mathrm{d}x$.

3. 用定积分形式表示曲线 $y=x(x-1)(2-x)$ 与 x 轴所围图形的面积.

5.2　定积分的性质　中值定理

1. 估计下列各定积分的值：

(1) $\int_1^4 (x^2+1)\mathrm{d}x$.　　　　(2) $\int_0^2 \mathrm{e}^{x^2-x}\mathrm{d}x$.

2. 求极限：$\lim\limits_{n\to\infty}\int_0^a \frac{x^n}{1+x}\mathrm{d}x(0<a<1)$.

5.3　微积分基本公式

1. 计算：

(1) 已知 $f(x)=\int_0^{x^2}\ln(1+t^2)\mathrm{d}t$，求 $f'(x)$.

(2) 已知 $\int_x^a f(t)\mathrm{d}t=\sin(a-x)^2$，求 $f(x)$.

(3) 设 $f(x)$ 连续，$\int_0^{x^3-1} f(t)\mathrm{d}t=x$，求 $f(7)$.

(4) 利用定积分定义计算.

① $\lim\limits_{n\to+\infty}\left(\dfrac{1}{n+1}+\dfrac{1}{n+2}+\cdots+\dfrac{1}{n+n}\right)$；

② $\lim\limits_{n\to+\infty}\dfrac{1}{n}\sum\limits_{i=1}^{n}\sqrt{1+\dfrac{i}{n}}$.

2. 求 $I(x)=\int_0^x t\mathrm{e}^{-t^2}\mathrm{d}t$ 的极值.

3. 求极限:

(1) $\lim\limits_{x\to 0}\dfrac{\int_0^x \cos t^2\mathrm{d}t}{x}$.

(2) 若 $f(x)$ 连续,求 $\lim\limits_{x\to a}\dfrac{x}{x-a}\int_a^x f(t)\mathrm{d}t$.

(3) $\lim\limits_{x\to 1}\dfrac{\int_1^x \sin(t-1)\mathrm{d}t}{(x-1)^2}$.

(4) 已知 $f(x)$ 连续，且 $\lim\limits_{x\to 0}\dfrac{f(x)}{x}=1$，求 $\lim\limits_{x\to 0}\dfrac{\int_0^x f(at)\mathrm{d}t}{x^2}$.

4. 计算下列定积分：

(1) $\int_0^1 \dfrac{\mathrm{d}x}{\sqrt{4-x^2}}$;

(2) $\int_{-1}^0 \dfrac{3x^4+3x^2+1}{x^2+1}\mathrm{d}x$;

(3) $\int_0^2 \sqrt{x^2 - 2x + 1}\mathrm{d}x$；

(4) $\int_0^2 f(x)\mathrm{d}x$，其中 $f(x)=\begin{cases} x+1, & x \leqslant 1, \\ \dfrac{1}{2}x^2, & x>1. \end{cases}$

5.4　定积分的换元法

1. 计算：

(1) 已知 $f(x)$ 的一个原函数是 x^2，求 $\int_0^{\frac{\pi}{2}} f(-\sin x)\cos x\mathrm{d}x$；

(2) $\int_{-1}^{2} \mathrm{e}^{|x|}\mathrm{d}x$.

2. 计算下列定积分：

(1) $\int_1^{\sqrt{3}} \frac{\mathrm{d}x}{x^2\sqrt{1+x^2}}$；

(2) $\int_1^4 \frac{\mathrm{d}x}{1+\sqrt{x}}$；

(3) $\int_1^{e^2} \frac{dx}{x\sqrt{1+\ln x}}$;

(4) $\int_0^{\pi} \sqrt{1+\cos 2x}dx$;

(5) $\int_{-5}^{5} \frac{x^3 \sin^2 x}{x^4+2x^2+1}dx$.

3. 设 $f(x)$ 在 $[a,b]$ 上连续，证明 $\int_a^b f(x)dx = \int_a^b f(a+b-x)dx$.

4. 设 $f(x)$ 是以 l 为周期的连续函数,证明 $\int_a^{a+l} f(x)\mathrm{d}x$ 的值与 a 无关.

5. 设 $f(x)=\begin{cases} \dfrac{1}{1+x}, & x \geqslant 0, \\ \dfrac{1}{1+\mathrm{e}^x}, & x<0, \end{cases}$ 求 $\int_0^2 f(x-1)\mathrm{d}x$.

5.5 定积分的分部积分法

1. 设 $f(x)$ 可导且 $f(0)=2, f(2)=3, f'(2)=5$, 求 $\int_0^1 xf''(2x)\mathrm{d}x$.

2. 计算下列定积分：

(1) $\int_{\frac{1}{\mathrm{e}}}^{\mathrm{e}} |\ln x|\,\mathrm{d}x$;

(2) $\int_{\frac{\pi}{4}}^{\frac{\pi}{3}} \frac{x\mathrm{d}x}{\sin^2 x}$;

(3) $\int_1^{\mathrm{e}} \sin(\ln x)\mathrm{d}x$；

(4) $\int_0^{\pi} (x\sin x)^2 \mathrm{d}x$.

3. 若函数 $f(x)=\dfrac{1}{1+x^2}+\sqrt{1-x^2}\int_0^1 f(x)\mathrm{d}x$，求 $\int_0^1 f(x)\mathrm{d}x$.

5.6 广义积分

1. 计算广义积分：

(1) $\int_1^{+\infty}\frac{\mathrm{d}x}{x^4}$;

(2) $\int_0^{+\infty}\mathrm{e}^{-ax}\mathrm{d}x$;

(3) $\int_{\frac{1}{2}}^{5}\frac{\mathrm{d}x}{\sqrt{2x-1}}$;

(4) $\int_0^{2}\frac{\mathrm{d}x}{(1-x)^2}$.

总 习 题 5

1. 设函数 $f(x)$ 在 $[0,1]$ 上可微,且 $f(1)=2\int_0^{\frac{1}{2}}xf(x)\mathrm{d}x$, 试证明存在 $\xi\in(0,1)$, 使

$$f(\xi)+\xi f'(\xi)=0.$$

2. 求 $f(x)=\int_0^x(1-t^2)\mathrm{e}^{2t}\mathrm{d}t$ 的单调增加区间.

3. 设 y 是 x 的函数，满足 $\int_0^y\mathrm{e}^t\mathrm{d}t+\int_0^x\cos t\mathrm{d}t=0$，求 $\frac{\mathrm{d}y}{\mathrm{d}x}$.

4. 若函数 $f(x)$ 具有连续的导数，求 $\frac{\mathrm{d}}{\mathrm{d}x}\int_0^x(x-t)f'(t)\mathrm{d}t$.

5. 设 $f(x)=\begin{cases}\dfrac{1}{2}\sin x, & 0\leqslant x\leqslant \pi,\\ 0, & x<0或x>\pi.\end{cases}$ 求 $\Phi(x)=\int_0^x f(t)\mathrm{d}t$ 在 $(+\infty,-\infty)$ 内的表达式.

6. 设 $f(x)$ 在 $[a,b]$ 上连续,在 (a,b) 内可导且 $f'(x)\leqslant 0, F(x)=\dfrac{1}{x-a}\int_a^x f(t)\mathrm{d}t$.证明在 (a,b) 内有 $F'(x)\leqslant 0$.

7. 求连续函数 $f(x)$,使它满足 $\int_0^1 f(tx)\mathrm{d}t=f(x)+x\sin x$.

8. 若 $\int_0^1 [f(x)+f'(x)]\mathrm{e}^x \mathrm{d}x = 1, f(1)=0$，求 $f(0)$.

9. 设 $f(x)=\int_0^x \frac{\sin t}{\pi - t}\mathrm{d}t$,求 $\int_0^\pi f(x)\mathrm{d}x$.

10. 设 $f(x)$ 为连续函数，证明 $\int_0^x f(t)(x-t)\mathrm{d}t = \int_0^x \left(\int_0^t f(u)\mathrm{d}u\right)\mathrm{d}t$.

第 6 章　定积分的应用

6.1　定积分的元素法

6.2　平面图形的面积

1. 求由下列各曲线所围成的图形的面积.

(1) $y=\dfrac{1}{x}$ 与直线 $y=x$ 及 $x=2$.

(2) $y=\ln x, y$ 轴与直线 $y=\ln a, y=\ln b(b>a>0)$.

2. 求由星形线 $x=a\cos^3 t, y=a\sin^3 t$ 所围成的图形的面积.

3. 求位于曲线 $y = \mathrm{e}^x$ 下方,该曲线过原点的切线的左方以及 x 轴上方之间的图形的面积.

4. 求抛物线 $y = -x^2 + 4x - 3$ 与其在点 $(0,-3)$ 及 $(3,0)$ 处的切线所围平面图形的面积.

6.3 体　积

1. 由 $y=x^2, x=2, y=0$ 所围成的图形，分别绕 x 轴及 y 轴旋转，计算所得两个旋转体的体积.

2. 求由曲线 $y=x^{\frac{3}{2}}$ 与直线 $x=4, x$ 轴所围图形绕 y 轴旋转而成的旋转体的体积.

3. 求下列已知曲线所围成的图形,按指定的轴旋转所产生的旋转体的体积.

(1) $y=x^2, x=y^2$ 绕 y 轴.

(2) $x^2+(y-5)^2=16$, 绕 x 轴.

4. 求曲线 $xy=a(a>0)$ 与直线 $x=a, x=2a$ 及 $y=0$ 所围平面图形绕 x 轴旋转一周所成的旋转体的体积.

6.4 平面曲线的弧长

1. 计算星形线 $x = a\cos^3 t, y = a\sin^3 t$ 的全长.

2. 求抛物线 $y = \frac{1}{2}x^2$ 被圆 $x^2 + y^2 = 3$ 所截下的有限部分的弧长.

6.5　功　水压力和引力

1. 设一锥形贮水池，深 15 米，口径 20 米，今以唧筒将水吸尽，问要作多少功?

2. 设半径为 R 的半球形水池装满水，将水从池中抽出，当抽出的水所作的功为将全部水抽完所作的功的一半时，问水面下降的高度 h 为多少?

3. 设有一长度为 l，线密度为 ρ 的均匀直棒，在棒的一端垂直距离为 a 处有一质量为 m 的质点 M，试求这细棒对质点 M 的引力.

总 习 题 6

1. 求 $y=2x$ 与 $y=3-x^2$ 所围平面图形的面积.

2. 求抛物线 $y^2=2x$ 与其上一点 $A\left(\frac{1}{2},1\right)$ 处的法线围成的面积.

3. 求曲线 $y=\sqrt{x-1}$ 过原点的切线与 x 轴和 $y=\sqrt{x-1}$ 所围成的图形绕 x 轴旋转一周所得旋转体的体积.

4. 证明半径为 r 的圆的周长为 $2\pi r$.

第 7 章　微 分 方 程

7.1　微分方程的基本概念

1. 指出下列各题中的函数是否为所给微分方程的解：

(1) $y' = \dfrac{1}{(x+y)^2}$,　　　　$y = \arctan(x+y) + C$;

(2) $y'' - 2y' + y = 0$,　　　　$y = x^2 \mathrm{e}^x$.

2. 指出下列微分方程的阶：

(1) $(x^2 - y^2)\mathrm{d}x + (x^2 + y^2)\mathrm{d}y = 0$　　　　(　　)

(2) $(y''')^3 + 5(y')^4 - y^5 + x^7 = 0$　　　　(　　)

(3) $\dfrac{\mathrm{d}^2 x}{\mathrm{d}t^2} - x = \mathrm{e}^t \sin t$　　　　(　　)

3. 已知曲线的点 $(-1,1)$ 且曲线上任一点的切线与 Ox 轴的交点的横坐标等于切点横坐标的平方，写出此曲线所满足的微分方程.

7.2 一阶微分方程

1. 求下列可分离变量方程的通解：

(1) $xy' - y\ln y = 0$；

(2) $y' = x\sqrt{1-y^2}$；

(3) $y\ln x\mathrm{d}x + x\ln y\mathrm{d}y = 0$；

(4) $(\mathrm{e}^{x+y} - \mathrm{e}^{x})\mathrm{d}x + (\mathrm{e}^{x+y} + \mathrm{e}^{y})\mathrm{d}y = 0$.

2. 求下列微分方程满足初始条件的特解：

(1) $\cos x\sin y\mathrm{d}y=\sin x\cos y\mathrm{d}x, y|_{x=0}=\dfrac{\pi}{4}$.

(2) $(x+1)\dfrac{\mathrm{d}y}{\mathrm{d}x}+1=2\mathrm{e}^{-y}, y|_{x=0}=0$.

3. 求下列齐次方程的通解：

(1) $x\dfrac{\mathrm{d}y}{\mathrm{d}x}=y\ln\dfrac{y}{x}$;

(2) $(x^2+y^2)\mathrm{d}x-xy\mathrm{d}y=0$;

(3) $xy'-y-\sqrt{x^2-y^2}=0$.

4. 求下列一阶线性微分方程的通解：

(1) $\dfrac{\mathrm{d}y}{\mathrm{d}x}+y=\mathrm{e}^{-x}$;

(2) $xy' + y = x^2 + 1$;

(3) $xy' + y = xe^x$;

(4) $y\ln y\mathrm{d}x + (x - \ln y)\mathrm{d}y = 0$;

*(5) $\frac{dy}{dx}-2xy=xy^2$.

5. 求微分方程$\frac{dy}{dx}-y\tan x=\sec x$满足条件$y(0)=0$的特解.

6. 求一曲线方程，这一曲线过原点，并且它在点(x,y)处的斜率等于$2x+y$.

7. 设$f(x)$具有连续的一阶导数，且满足$f(x)=\int_0^x (x^2-t^2)f'(t)dt+x^2$，求$f(x)$的表达式.

7.3　可降阶的高阶微分方程

1. 求下列各微分方程的通解：

(1) $y'' = xe^{x}$；

(2) $y'' = x + y'$；

(3) $\left(1 + x^{2}\right)y'' + 2xy' = 1$.

2. 求微分方程 $\left(1 - x^{2}\right)y'' - xy' = 0$ 满足初始条件 $y|_{x=0} = 0,\ y'|_{x=0} = 1$ 的特解.

7.4　高阶线性微分方程

1. 验证 $y=\sin kx$ 和 $y=\cos kx$ 为方程 $y''+k^2y=0(k\neq 0)$ 的特解,并写出该方程的通解.

2. 验证 $y=C_1\mathrm{e}^x+C_2\mathrm{e}^{2x}+\dfrac{1}{12}\mathrm{e}^{5x}$ (C_1,C_2 是任意常数)是方程 $y''-3y'+2y=\mathrm{e}^{5x}$ 的通解.

7.5　二阶常系数线性微分方程

1. 求下列二阶齐次微分方程的通解：

(1) $y''-4y'=0$；

(2) $y''+6y'+13y=0$；

(3) $4\frac{\mathrm{d}^2x}{\mathrm{d}t^2}-20\frac{\mathrm{d}x}{\mathrm{d}t}+25x=0$；

(4) $y''-6y'+9y=(x+1)e^{3x}$;

*(5) $y''+9y=x\sin x$;

*(6) $y''-y=\sin^2 x$.

4. 求微分方程 $y''-3y'+2y=5$, 满足初始条件 $y|_{x=0}=1, y'|_{x=0}=2$.

5. 求微分方程 $y''-4y'=5$, 满足初始条件 $y|_{x=0}=1, y'|_{x=0}=0$.

总 习 题 7

1. 求方程 $2\left(3+\mathrm{e}^{x}\right)\mathrm{d}y+y\mathrm{e}^{x}\mathrm{d}x=0$ 的通解.

2. 求方程 $(1+2\mathrm{e}^{\frac{x}{y}})\mathrm{d}x+2\mathrm{e}^{\frac{x}{y}}\left(1-\dfrac{x}{y}\right)\mathrm{d}y=0$ 的通解.

3. 求方程 $(x^{2}-1)y'+2xy-\cos x=0$ 的通解.

4. 求方程 $\dfrac{\mathrm{d}y}{\mathrm{d}x}+\dfrac{1}{3}y=\dfrac{1}{3}(1-2x)y^{4}$ 的通解.

5. 求方程 $y''=x^2-\cos^2 x$ 的通解.

6. 求方程 $y''=\mathrm{e}^{2y}$，满足条件 $y|_{x=0}=0, y'|_{x=0}=1$ 的特解.

7. 求方程 $4y''+4y'+y=0, y|_{x=0}=2, y'|_{x=0}=0$ 的特解.

8. 求方程 $y'' - y = 2e^x - x^2$ 的通解.

9. 设 $f(x) = 2x\int_0^1 f(tx)\mathrm{d}t + e^{2x}$，其中 $f(x)$ 连续，求 $f(x)$.

10. 设函数 $f(x)$ 连续，且满足 $f(x) = e^x + \int_0^x (x-t)f(t)\mathrm{d}t$，求 $f(x)$.

答　案

第 1 章

1.1

1. 略.

2. $y=\begin{cases}\sqrt{1+x}, & -1\leqslant x\leqslant 0,\\ -\sqrt{x}, & 0<x<1.\end{cases}$.

3. $f(-2)=-1; f(0)=1; f(2)=4; f(x-1)=\begin{cases}x, & -2<x\leqslant 1,\\ 2^{x-1}, & 1<x<4.\end{cases}$.

4. 略.

5. $\varphi(x)=[\ln(1-x)]^{\frac{1}{2}}, x<1$.

6. 略.

7. $f[g(x)]=\begin{cases}1, & x<0,\\ 0, & x=0,\\ -1, & x>0;\end{cases}$ $g[f(x)]=\begin{cases}\mathrm{e}, & |x|<1,\\ 1, & |x|=1,\\ \mathrm{e}^{-1}, & |x|>1.\end{cases}$

8. 10.

9. 略.

1.2

1. (1) 2;　(2) $\frac{1}{3}$;　(3) 2;　(4) $-\frac{1}{5}$.

1.3

1. (1) $\frac{\pi}{2},-\frac{\pi}{2}$;　(2) $+\infty,0$;　(3) $1,-1$;　(4) $\sqrt{2},-\sqrt{2}$.

2. 不存在;1.

3. 极限存在，值为1.

4. (1) 无穷小量;　(2) 无穷大量.

5. (1) 2;　(2) 1.

1.4

1. (1) $\frac{2}{3}$;　(2) $2x$;　(3) $\frac{1}{2}$;　(4) 0;　(5) -1;　(6) $\frac{1}{2\sqrt{2}}$.

2. (1) 0;　(2) 0.

1.5

1. (1) $\frac{5}{3}$;　(2) 1;　(3) 1;　(4) 1.

2. (1) e^{-1};　(2) e^{-1};　(3) e^{-4};　(4) e^{5}.

3. 略.

4. (1) 等价;　(2) 同阶;　(3) 高阶;　(4) 等价.

5. (1) x;　(2) 2;　(3) $\frac{1}{2}$;　(4) $\frac{1}{n}$.

6. $\alpha=-\frac{1}{2}$.

7. 略.

1.6

1. (1)$x=1$，第一类间断点，可去间断点，$f(1)=2; x=2$，第二类间断点. (2)$x=0$，第一类间断点；$x=-1$，第二类间断点.

2. $-1,1$，第一类间断点.

3. $f(-1)=0$.

4. $y=36500\times(1.035)^{[t]}$，在区间$[0,5)$或$t=1,2,3,4$上连续.

*__5__. $f(x)=\begin{cases} x, & |x|<1, \\ 0, & |x|=1, \\ -x, & |x|>1, \end{cases}$ $x=1, x=-1$为第一类间断点.

6. (1) $\frac{4+\sin 2}{e^2\sqrt{5}}$;　(2) 1;　(3) e^3;　(4) $\frac{\pi}{6}$.

7. ～**9**. 略.

总习题 1

1. 0.　**2**. $\frac{1}{4}$.　**3**. $\frac{2}{\pi}$.　**4**. e^{-6}.　**5**. 2.　**6**. $a=2, b=-8$.　**7**. $e^{-\frac{1}{2}}$.　**8**. $\frac{\ln 2}{5}$.　**9**. $\frac{1}{4}$.　**10**. 略.

第 2 章

2.1

1. (1) $f'(x_0)$;　(2) $f'(x_0)$;　(3) $-f'(x_0)$;　(4) $f'(x_0)$.

2. $f'(0)$.

3. 0,1, 不存在.

4. $\frac{1}{2}$.

5. $y=\frac{1}{4}x+1$.

6. -1.

7. 略.

2.2

1. (1) $v(t)=v_0-gt$; (2) $t=\frac{v_0}{g}$.

2. (1) $\frac{e^x(x-2)}{x^3}$; (2) $-\frac{2a}{(x+a)^2}$; (3) $\tan^2 t$; (4) $x(2\ln x+1)$.

3. (1) $\frac{\sqrt{2}}{4}\left(\frac{\pi}{2}+1\right)$; (2) $-\frac{1}{18}$; (3) $60!$.

4. (1) $35(7x+2)^4$; (2) $\frac{1-r}{\sqrt{2r-r^2}}$; (3) $3^{\frac{x}{\ln x}}\ln 3\frac{\ln x-1}{(\ln x)^2}$; (4) $-\tan x$; (5) $\frac{e^x}{1+e^{2x}}$; (6) $\arcsin\frac{x}{2}$.

5. (1) $\cos(f(x^2))f'(x^2)2x$; (2) $f'(e^x)e^x e^{f(x)}+f(e^x)e^{f(x)}f'(x)$.

2.3

1. (1) $-2e^{-t}\cos t$; (2) $-x(a^2+x^2)^{-\frac{3}{2}}$; (3) $f''\left(\frac{1}{x}\right)\frac{1}{x^4}+f'\left(\frac{1}{x}\right)\frac{2}{x^3}$; (4) $-\frac{1}{2}\left[\frac{1}{(1-x)^2}+\frac{2(1-x^2)}{(1+x^2)^2}\right]$.

2. $6\times 12^5, 30\times 12^4, 120\times 12^3$.

3. (1) $2^{n-1}\sin\left(2x+\frac{(n-1)\pi}{2}\right)$; (2) $\frac{(-1)^n(n-2)!}{x^{n-1}}(n\geqslant 2)$; *(3) $2\frac{(-1)^n n!}{(1+x)^{n+1}}$;

*(4) $n(n-1)e^x+2xne^x+x^2e^x$.

2.4

1. (1) $\frac{yf'(xy)}{1-xf'(xy)}$; (2) $\frac{\sin(x+y)-ye^{xy}}{xe^{xy}-\sin(x+y)-2y}$.

2. 1,2.

3. (1) $\left(\frac{x}{1+x}\right)^x\left(\ln\frac{x}{1+x}+\frac{1}{1+x}\right)$; (2) $\frac{x^2}{1-x}\sqrt[3]{\frac{3-x}{(3+x)^2}}\left[\frac{2}{x}+\frac{1}{1-x}-\frac{1}{3(3-x)}-\frac{2}{3(3+x)}\right]$;

(3) $(1+x^2)^{\sin x}\left[\cos x\ln(1+x^2)+\frac{2x\sin x}{1+x^2}\right]$.

4. (1) $\frac{\cos\theta-\theta\sin\theta}{1-\sin\theta-\theta\cos\theta}$; (2) $\frac{t}{2},\frac{1+t^2}{4t}$; (3) 3.

5. $y=\frac{4}{5}x+\frac{12}{5}, y=-\frac{5}{4}x+\frac{13}{2}$.

6. $y=3x-7$.

***7**. $144\pi(\mathrm{m^2/s})$.

2.5

1. $\mathrm{d}y = 0.5\mathrm{d}x$.

2. (1) $\dfrac{\mathrm{d}x}{(1+x)^2}$; (2) $\mathrm{d}y = \mathrm{e}^{-x}[\sin(3-x)-\cos(3-x)]\mathrm{d}x$; (3) $\mathrm{d}y = \dfrac{-1}{\sqrt{1-x^2}}\mathrm{d}x$;

(4) $\mathrm{d}y = \sqrt[x]{x}\dfrac{1-\ln x}{x^2}\mathrm{d}x$.

3. $\mathrm{d}y = \dfrac{\mathrm{d}x}{(x+y)^2}$.

4. (1)1.01; (2)1.003.

总习题 2

1. (1) $x^3 + C$; (2) $-\dfrac{1}{\omega}\cos\omega t + C$; (3) $-\dfrac{1}{2}\mathrm{e}^{-2x} + C$; (4) $\dfrac{1}{3}\tan 3x + C$;

(5) $\dfrac{1}{2}\arctan 2x + C$; (6) $-\sqrt{a^2 - x^2} + C$.

2. $1+\dfrac{\pi}{4}$. **3**. $\alpha > 1$. **4**. $y = x+1$. **5**. $a = \dfrac{1}{2}, b = \dfrac{1}{8}$. **6**. -2 . **7**. $(-1)^n n!\left[\dfrac{1}{(x-2)^{n+1}} - \dfrac{1}{(x-1)^{n+1}}\right]$.

8. 0,8 . **9**. -2 .

第 3 章

3.1

1. $y = \dfrac{1}{\mathrm{e}-1}x + \ln(\mathrm{e}-1) - 1$.

2. $\dfrac{3}{2}$.

3. ～**7**. 略.

3.2

1. 略.

2. (1) 2; (2) 0; (3) $\dfrac{1}{2}$; (4) 0 ; (5) e; (6) 1; (7) e; (8) $\dfrac{1}{\sqrt{\mathrm{e}}}$.

3. (B) .

4. $\alpha = 1$.

5. 1 .

*__6__. 连续.

*泰勒公式

1. $p(x) = 55 + 33(x-3) + 5(x-3)^2$.

2. $1-x+x^2-\cdots+(-1)^n x^n+\dfrac{(-1)^{n+1}}{(2+\xi)^{n+2}}(x+1)^{n+1}$（$\xi$介于$-1,x$之间）.

3. $x+x^2+\dfrac{x^3}{2}+\cdots+\dfrac{x^n}{(n-1)!}+\dfrac{(n+1+\theta x)\mathrm{e}^{\theta x}}{(n+1)!}x^{n+1}(0<\theta<1)$.

4. (1) $\dfrac{3}{2}$; (2) $\dfrac{1}{6}$.

3.3

1. (1) $(-\infty,1)\uparrow,(1,+\infty)\downarrow$；　(2) $(0,2)\uparrow,(2,+\infty)\uparrow$；　(3) $(-\infty,-5)\cup(1,+\infty)\uparrow,(-5,1)\uparrow$；
(4)$(-\infty,1)\cup(1,+\infty)\uparrow,(-1,1)\downarrow$.

2. ～*4. 略.

5. (1) $(-\infty,2)$上凸，$(2,+\infty)$上凹，拐点$(2,-10)$；　(2) $(-\infty,1)$上凸，$(1,+\infty)$上凹，拐点$(1,2)$.

6. 略.

7. $a=-\dfrac{3}{2},b=\dfrac{9}{2}$.

3.4

1. (1) $f_{\min}(-1)=-\mathrm{e}^{-1}$；　(2) $f_{\min}(2)=-21,f_{\max}(-2)=11$；　(3) $f_{\max}(1)=2$.

2. $y_{\min}(1)=1$.

3. $a=2,f_{\max}\left(\dfrac{\pi}{3}\right)=\sqrt{3}$.

4. 水下 15km，陆地 11km，成本最小 1080000 元.

5. $\dfrac{\pi}{2},\sqrt{3}+\dfrac{\pi}{6}$.

6. $y(-3)=27$.

*7. $y_{\min}(0)=y_{\min}(\pm\sqrt{3})=0,y_{\max}(\pm 1)=2$.

8. 略.

9. $y-\dfrac{\sqrt{2}}{2}b=-\dfrac{b}{a}\left(x-\dfrac{\sqrt{2}}{2}a\right)$.

3.5

1. 垂直渐近线$x=0,x=4$，水平渐近线$y=0$.

2. 略.

3.6

1. $\kappa=2,\rho=\dfrac{1}{2}$.

2. $\left(\dfrac{\sqrt{2}}{2},-\dfrac{\ln 2}{2}\right), \kappa_{\min}=\dfrac{3\sqrt{3}}{2}$.

3. $\dfrac{1}{6}$.

总习题 3

1. (1) 0.　(2) 1.　(3) $e^{-\frac{1}{2}}$.　(4) $e^{\frac{1}{3}}$.
2. 略.
3. 极小值, 0.
4. 略.
5. $a=4, b=5$.
6. 提示：设辅助函数 $F(x)=f(x)\sin x$.
7. $|a| \leqslant 2$.
8. 圆柱体底面半径 $r=\sqrt{\dfrac{2}{3}}R$，高 $h=\dfrac{2}{\sqrt{3}}R$，最大体积为 $\dfrac{4\pi}{3\sqrt{3}}R^3$.

第 4 章

4.1

1. (1) $F(x)+C$;　(2) $f(x), f(x)+C$.　**2**. (1) A;　(2) C;　(3) B　**3**. $\dfrac{1}{2}(2x+1)^2+C$.　**4**. e^x+x+C.

5. $2-2x^2$.　**6**. (1) 27m;　(2) 7.11s　**7**. (1) $2\sqrt{x}-\dfrac{4}{3}x^{\frac{3}{2}}+\dfrac{2}{5}x^{\frac{5}{2}}+C$;　(2) $x-\arctan x+C$;

(3) $2x-\dfrac{5\left(\frac{2}{3}\right)^x}{\ln 2-\ln 3}+C$;　(4) $-\cot x+\csc x+C$;　(5) $\dfrac{x+\sin x}{2}+C$;　(6) $\sin x-\cos x+C$.
8. $y=\ln x+1$.

4.2

1. (1) $-\dfrac{3}{2}$;　(2) $-\dfrac{1}{5}$;　(3) $\dfrac{1}{2}$;　(4) $\dfrac{1}{3}$;　(5) -1;　(6) $\dfrac{1}{2}$.　**2**. $f(x)$, $\begin{cases}\dfrac{1}{\mu+1}[f(x)]^{\mu+1}, & \mu\neq -1\\ \ln|f(x)|, & \mu=-1\end{cases}$

3. (C).　**4**. $f(x)=-x^2-\ln|x-1|+C$.　**5**. (1) $-\dfrac{1}{a}\cos ax-be^{\frac{x}{b}}+C$;　(2) $-2\cos\sqrt{x}+C$;

(3) $\dfrac{1}{11}\tan^{11}x+C$;　(4) $-\ln\left|\cos\sqrt{1+x^2}\right|+C$;　(5) $\arctan e^x$;　(6) $-\dfrac{1}{3}(2-3x^2)^{\frac{1}{2}}+C$;

(7) $-\dfrac{10^{2\arccos x}}{2\ln 10}+C$; (8) $-\dfrac{1}{x\ln x}+C$; (9) $-\cos x+\arctan(\cos x)+C$; (10) $\dfrac{1}{8}(2\ln x+3)^4+C$;

(11) $\dfrac{a^2}{2}\arcsin\dfrac{x}{a}-\dfrac{x}{2}\sqrt{a^2-x^2}+C$; (12) $\sqrt{a^2-x^2}-a\arccos\dfrac{a}{x}+C$;

(13) $\dfrac{x}{\sqrt{1+x^2}}+C$; (14) $\sqrt{2x}-\ln(1+\sqrt{2x})+C$;

4.3

1. (1) $-\dfrac{1}{4}x\cos 2x+\dfrac{1}{8}\sin 2x+C$; (2) $-\mathrm{e}^{-x}(x+1)+C$; (3) $\dfrac{1}{2}(x^2-1)\ln(x-1)-\dfrac{1}{4}x^2-\dfrac{1}{2}x+C$;

(4) $-2\sqrt{x}\cos\sqrt{x}+2\sin\sqrt{x}+C$; (5) $\dfrac{x}{2}(\cos\ln x+\sin\ln x)+C$; (6) $\dfrac{1}{3}x^3\arctan x-\dfrac{1}{6}x^2+$

$\dfrac{1}{6}\ln(1+x^2)+C$.

2. $2x\mathrm{e}^{2x}-\mathrm{e}^{2x}+C$. **3.** e^x+C. **4.** $\dfrac{1}{2}xf(2x)-\dfrac{1}{4}\dfrac{\ln 2x}{2x}$.

***有理函数积分**

1. (C).

2. (1) $\ln(x^2+x+5)-\dfrac{8}{\sqrt{19}}\arctan\dfrac{2x+1}{\sqrt{19}}+C$; (2) $\dfrac{1}{6}\ln\dfrac{(x+1)^2}{x^2-x+1}+\dfrac{1}{\sqrt{3}}\arctan\dfrac{2x-1}{\sqrt{3}}+C$;

(3) $\dfrac{2}{\sqrt{3}}\arctan\dfrac{2\arctan\dfrac{x}{2}+1}{\sqrt{3}}+C$; (4) $\ln\left|1+\tan\dfrac{x}{2}+C\right|$;

(5) $\dfrac{3}{2}\sqrt[3]{(1+x)^2}-3\sqrt[3]{(1+x)}+3\ln\left|1+\sqrt[3]{(1+x)}\right|+C$; (6) $2\sqrt{x}-4\sqrt[4]{x}+4\ln(\sqrt[4]{x}+1)+C$.

总习题 4

1. (1) $-\dfrac{1}{x\ln x}+C$; (2) $\ln|x-2|+\ln|x+5|+C$; (3) $\dfrac{1}{4}x^4-\dfrac{1}{2}\ln(x^4+2)+C$;

(4) $\arcsin x-\dfrac{x}{1+\sqrt{1-x^2}}+C$; (5) $\dfrac{2}{9}\sqrt{9x^2-4}-\dfrac{1}{3}\ln\left|3x+\sqrt{9x^2-4}\right|+C$.

2. $\dfrac{\ln 2x}{4}-\dfrac{\ln 2x}{8x}+C$.

3. $\ln|x|-\dfrac{1}{2}\ln(1+x^2)+C$. **4.** $f(x)=\dfrac{\sin^2 2x}{\sqrt{x-\dfrac{1}{4}\sin 4x+1}}$.

第5章

5.1

1. $a > b$

2. 0

3. $-\int_0^1 x(x-1)(2-x)\mathrm{d}x + \int_1^2 x(x-1)(2-x)\mathrm{d}x$.

5.2

1. (1) $6 \leqslant \int_1^4 (x^2+1)\mathrm{d}x \leqslant 51$;　　(2) $2\mathrm{e}^{-\frac{1}{4}} \leqslant \int_0^2 \mathrm{e}^{x^2-x}\mathrm{d}x \leqslant 2\mathrm{e}^2$.

2. 0.

5.3

1. (1) $2x\ln(1+x^4)$;　　(2) $f(x) = 2(a-x)\cos(a-x)^2$;

(3) $\frac{1}{12}$;　　(4) ① $\ln 2$ ，② $\frac{2}{3}(2\sqrt{2}-1)$.

2. 当 $x=0$ 时，$I_{\min}=0$.

3. (1) 1;　(2) $af(a)$;　(3) $\frac{1}{2}$;　(4) $\frac{a}{2}$.

4. (1) $\frac{\pi}{6}$;　(2) $\frac{\pi}{4}+1$;　(3) 1;　(4) $\frac{8}{3}$.

5.4

1. (1) −1;　(2) $\mathrm{e}^2+\mathrm{e}-2$.

2. (1) $\sqrt{2}-\frac{2\sqrt{3}}{3}$;　(2) $2+2\ln\frac{2}{3}$;　(3) $2(\sqrt{3}-1)$;　(4) $2\sqrt{2}$;　(5) 0.

3.～**4**. 略.　**5**. $1+\ln(1+\mathrm{e}^{-1})$.

5.5

1. $\frac{9}{4}$.

2. (1) $2\left(1-\frac{1}{\mathrm{e}}\right)$;　(2) $\left(\frac{1}{4}-\frac{\sqrt{3}}{9}\right)\pi+\frac{1}{2}\ln\frac{3}{2}$;

(3) $\frac{1}{2}(\mathrm{e}\sin 1-\mathrm{e}\cos 1+1)$;　(4) $\frac{\pi^3}{6}-\frac{\pi}{4}$.

3. $\frac{\pi}{4-\pi}$.

5.6

1. (1) $\frac{1}{3}$; (2) $\frac{1}{a}$; (3) 3; (4) 发散.

总习题 5

1. 略.

2. $[-1,1]$. **3**. $\frac{\cos x}{\sin x-1}$. **4**. $f(x)-f(0)$.

5. $\Phi(x)=\begin{cases}0, & x<0,\\ \frac{1}{2}(1-\cos x), & 0\leqslant x\leqslant \pi,\\ 1, & x>\pi.\end{cases}$

6. 略.

7. $f(x)=\cos x-x\sin x+C$.

8. -1. **9**. 2. **10**. 略.

第 6 章

6. 2

1. (1) $\frac{3}{2}-\ln 2$; (2) $b-a$. **2**. $\frac{3}{8}\pi a^2$; **3**. $\frac{\mathrm{e}}{2}$.

6.3

1. $\frac{128}{7}\pi,\frac{64}{5}\pi$. **2**. $\frac{512\pi}{7}$. **3**. (1) $\frac{3\pi}{10}$. (2) 160π. **4**. $\frac{\pi a}{2}$.

6.4

1. $6a$; **2**. $\sqrt{6}+\frac{1}{2}\ln(\sqrt{2}+\sqrt{3})$.

6.5

1. 57697.5(kJ); **2**. $\frac{4\pi R^4 g}{3}$; **3**. $F_y=Gm\rho\left(\frac{1}{a}-\frac{1}{\sqrt{a^2+l^2}}\right),F_x=-\frac{Gm\rho l}{a\sqrt{a^2+l^2}}$.

总习题 6

1. $\frac{32}{3}$. **2**. $\frac{16}{3}$. **3**. $\frac{\pi}{6}$. **4**. 略.

第7章

7.1

1. (1) 是； (2) 不是.

2. (1) 一阶； (2) 三阶； (3) 二阶.

3. $y'x^2 - xy' + y = 0,\quad y|_{x=-1} = 1$.

7.2

1. (1) $y = e^{Cx}$； (2) $y = \sin\left(\frac{1}{2}x^2 + C\right)$； (3) $\ln^2 x + \ln^2 y = C$； (4) $(e^x + 1)(e^y - 1) = C$.

2. (1) $\cos y = \frac{\sqrt{2}}{2}\cos x$； (2) $(x+1)e^y - 2x = 1$.

3. (1) $y = xe^{Cx+1}$； (2) $y^2 = x^2\ln(Cx^2)$； (3) $\arcsin\frac{y}{x} = \ln Cx$.

4. (1) $y = e^{-x}(x + C)$； (2) $y = \frac{1}{3}x^2 + 1 + \frac{C}{x}$； (3) $y = \frac{1}{x}[(x-1)e^x + C]$； (4) $2x\ln y = \ln^2 y + C$；

*(5) $\frac{1}{y} = -\frac{1}{2} + Ce^{-x^2}$.

5. $y = \frac{x}{\cos x}$.　　**6**. $y = 2\left(e^x - x - 1\right)$.　　**7**. $f(x) = e^{x^2} - 1$.

7.3

1. (1) $y = xe^x - 2e^x + C_1x + C_2$； (2) $y = C_1e^x - \frac{x^2}{2} - x + C_2$； (3) $y = \frac{1}{2}\ln(1+x^2) + C_1\arctan x + C_2$.

2. $y = \arcsin x$.

7.4

1.～**2**. 略.

3. $y = C_1(x-1) + C_2(x^2-1) + 1$.

7.5

1. (1) $y = C_1 + C_2e^{4x}$； (2) $y = e^{-3x}(C_1\cos 2x + C_2\sin 2x)$；

(3) $x = (C_1 + C_2t)e^{\frac{5}{2}t}$； (4) $y = C_1\cos 2x + C_2\sin 2x$.

2. (1) $y = e^{-x} - e^{4x}$； (2) $y = e^{2x}\sin 3x$.

3. (1) $y = C_1e^{\frac{x}{2}} + C_2e^{-x} + e^x$； (2) $y = C_1 + C_2e^{-9x} + x\left(\frac{1}{18}x - \frac{37}{18}\right)$；

(3) $y=C_1\mathrm{e}^{-x}+C_2\mathrm{e}^{-2x}+\mathrm{e}^{-x}\left(\dfrac{3}{2}x^2-3x\right)$; (4) $y=(C_1+C_2x)\mathrm{e}^{3x}+\dfrac{x^2}{2}\left(\dfrac{1}{3}x+1\right)\mathrm{e}^{3x}$;

*(5) $y=C_1\cos 3x+C_2\sin 3x+\dfrac{1}{8}x\sin x-\dfrac{1}{32}\cos x$; *(6) $y=C_1\mathrm{e}^{-x}+C_2\mathrm{e}^{x}+\dfrac{1}{10}\cos 2x-\dfrac{1}{2}$.

4. $y=-5\mathrm{e}^{x}+\dfrac{7}{2}\mathrm{e}^{2x}+\dfrac{5}{2}$.　**5**. $y=\dfrac{11}{16}+\dfrac{5}{16}\mathrm{e}^{4x}-\dfrac{5}{4}x$.

总习题 7

1. $y=\dfrac{C}{\sqrt{3+\mathrm{e}^{x}}}$.　**2**. $x+2y\mathrm{e}^{\frac{x}{y}}=C$.　**3**. $y=\dfrac{\sin x+C}{x^2-1}$.　**4**. $\dfrac{1}{y^3}=C\mathrm{e}^{x}-1-2x$.

5. $y=\dfrac{1}{12}x^4-\dfrac{1}{4}x^2+\dfrac{1}{8}\cos 2x+C_1x+C_2$.　**6**. $\mathrm{e}^{y}=\sec x$.　**7**. $y=\mathrm{e}^{-\frac{x}{2}}(x+2)$.

8. $y=C_1\mathrm{e}^{-x}+C_2\mathrm{e}^{x}+x\mathrm{e}^{x}+x^2+2$.　**9**. $f(x)=\mathrm{e}^{2x}(2x+1)$.　**10**. $f(x)=\dfrac{1}{4}\mathrm{e}^{-x}+\dfrac{3}{4}\mathrm{e}^{x}+\dfrac{1}{2}x\mathrm{e}^{x}$.